COMO PROJETAR E CONSTRUIR UM SISTEMA DE ILUMINAÇÃO

SUMÁRIO

INTRODUÇÃO

A iluminação é uma parte essencial da nossa vida cotidiana, sendo responsável por tornar nossos ambientes mais confortáveis e funcionais. Através da iluminação, podemos criar diferentes atmosferas em nossos espaços, desde ambientes aconchegantes e relaxantes até espaços de trabalho produtivos.

Nos últimos anos, o desenvolvimento de novas tecnologias de iluminação e a crescente preocupação com a eficiência energética levaram a uma maior consciência sobre o papel da iluminação na nossa sociedade. Como resultado, a iluminação tem sido cada vez mais utilizada como um elemento de design, além de sua função primária de iluminar um ambiente.

Este e-book é destinado a fornecer uma visão geral dos principais aspectos da iluminação, incluindo o histórico da iluminação, tipos de lâmpadas e sistemas de iluminação, e as principais normas técnicas que regem a iluminação no Brasil. Além disso, serão abordados os principais conceitos relacionados à iluminação, como luminância, iluminância e fluxo luminoso, bem como os principais fatores que devem ser considerados ao projetar um sistema de iluminação, como a quantidade de luz necessária e a distribuição da luz.

Ao longo deste e-book, será enfatizada a importância de um projeto de iluminação bem planejado, que leve em consideração as necessidades específicas de cada ambiente, bem como a eficiência energética e o uso de tecnologias sustentáveis.

INTRODUÇÃO

Esperamos que este e-book seja útil para todos aqueles que desejam aprofundar seus conhecimentos em iluminação, seja para fins pessoais ou profissionais. Acreditamos que a iluminação é um elemento fundamental do nosso ambiente construído e que um melhor entendimento da iluminação pode levar a espaços mais saudáveis, sustentáveis e agradáveis de se estar.

UM BREVE HISTÓRICO DA ILUMINAÇÃO

A história da iluminação remonta aos tempos antigos, quando o fogo era a única fonte de luz disponível para o homem. Durante séculos, as pessoas usaram lâmpadas a óleo, velas e tochas para iluminar suas casas e ruas. No entanto, esses métodos eram ineficientes e perigosos, causando frequentemente incêndios.

No final do século XVIII, a invenção da lâmpada de arco elétrico por Humphry Davy marcou o início de uma nova era na iluminação. A lâmpada de arco elétrico usava uma corrente elétrica para produzir uma luz brilhante e consistente, o que levou a um aumento significativo da iluminação pública em grandes cidades.

A partir do século XIX, foram desenvolvidas lâmpadas de gás, que eram mais eficientes do que as velas e tochas. As lâmpadas de gás foram amplamente utilizadas até o final do século, quando a invenção da lâmpada incandescente de Thomas Edison revolucionou a indústria da iluminação.

A lâmpada incandescente usava um filamento de carbono aquecido para produzir luz, o que era muito mais eficiente do que as lâmpadas anteriores. No entanto, as lâmpadas incandescentes também tinham suas desvantagens, como a curta vida útil e o alto consumo de energia.

Durante o século XX, foram desenvolvidas diversas tecnologias de iluminação, como as lâmpadas fluorescentes, que eram mais eficientes do que as lâmpadas incandescentes, e as lâmpadas de descarga de alta intensidade, que eram usadas principalmente em iluminação pública e industrial.

Nos últimos anos, houve um aumento significativo no desenvolvimento de tecnologias de iluminação LED, que são mais eficientes e duráveis do que as lâmpadas anteriores. As lâmpadas LED também são mais versáteis em termos de design, permitindo a criação de novas formas de iluminação.

Hoje em dia, a iluminação é um elemento essencial da arquitetura e do design de interiores, sendo utilizada não apenas para iluminar um ambiente, mas também para criar atmosferas e melhorar a estética de um espaço. Além disso, a eficiência energética e o uso de tecnologias sustentáveis tornaram-se uma prioridade na indústria da iluminação, à medida que procuramos formas mais eficientes e ambientalmente conscientes de iluminar nossos ambientes.

TIPOS DE LÂMPADAS E SUAS CARACTERÍSTICAS

CAPÍTULO 3

Existem diversos tipos de lâmpadas disponíveis no mercado, cada uma com suas próprias características e aplicações. Neste capítulo, vamos discutir os principais tipos de lâmpadas utilizados em sistemas de iluminação residencial e comercial.

1. Lâmpadas incandescentes: As lâmpadas incandescentes são o tipo mais comum de lâmpada utilizada em residências e escritórios. Elas funcionam através da passagem de uma corrente elétrica através de um filamento de tungstênio, que se aquece e emite luz. No entanto, as lâmpadas incandescentes são muito ineficientes, transformando apenas cerca de 10% da energia elétrica em luz e o resto em calor.

2. Lâmpadas fluorescentes: As lâmpadas fluorescentes são mais eficientes do que as lâmpadas incandescentes, transformando cerca de 25% da energia elétrica em luz. Elas funcionam através da passagem de uma corrente elétrica através de um gás nobre em uma lâmpada revestida com fósforo, o que emite luz. As lâmpadas fluorescentes são mais duráveis do que as lâmpadas incandescentes e estão disponíveis em diversas cores e tamanhos.

3. Lâmpadas de LED: As lâmpadas de LED são as mais eficientes em termos de energia e durabilidade, transformando cerca de 80% da energia elétrica em luz. Elas funcionam através da passagem de uma corrente elétrica através de um material semicondutor, que emite luz. As lâmpadas de LED são muito versáteis em termos de design, permitindo a criação de novas formas de iluminação, e estão disponíveis em diversas cores e tamanhos.

4. Lâmpadas de descarga: As lâmpadas de descarga, como as lâmpadas de sódio e de mercúrio, são frequentemente utilizadas em iluminação pública e industrial. Elas funcionam através da passagem de uma corrente elétrica através de um gás ou vapor metálico, que emite luz. As lâmpadas de descarga são muito eficientes em termos de energia, mas podem levar algum tempo para aquecer e atingir o brilho máximo.

Além disso, é importante mencionar que cada tipo de lâmpada tem suas próprias normas e especificações técnicas, que devem ser seguidas para garantir a segurança e o bom funcionamento dos sistemas de iluminação. É essencial que os profissionais de iluminação tenham um conhecimento aprofundado sobre as normas técnicas brasileiras, como a NBR 5410, a NBR 5413 e a ABNT 8995-1, para garantir que seus projetos sejam seguros e eficientes.

SISTEMAS DE ILUMINAÇÃO: PRINCIPAIS CARACTERÍSTICAS E APLICAÇÕES

Os sistemas de iluminação são compostos por diversas peças e equipamentos que trabalham juntos para criar o efeito de iluminação desejado. Neste capítulo, vamos discutir as principais características e aplicações dos sistemas de iluminação, bem como a importância de contar com a orientação de um arquiteto ou engenheiro habilitado para a elaboração do projeto de iluminação.

1. Luminárias: As luminárias são peças essenciais em qualquer sistema de iluminação. Elas abrigam a lâmpada e a protegem contra danos externos, além de direcionar a luz para o local desejado. As luminárias estão disponíveis em diversos materiais, tamanhos e designs, o que permite a criação de uma ampla variedade de estilos de iluminação.

2. Interruptores e dimmers: Os interruptores e dimmers são os dispositivos utilizados para controlar a intensidade da luz. Os interruptores simples permitem que a luz seja ligada e desligada, enquanto os dimmers permitem ajustar a intensidade da luz de acordo com a necessidade. Os dimmers são ideais para criar ambientes mais aconchegantes ou para dar destaque a objetos específicos.

3. Sensores de presença e de luminosidade: Os sensores de presença e de luminosidade são dispositivos que ajudam a economizar energia e a tornar o uso da iluminação mais eficiente. Os sensores de presença ativam as luzes quando alguém entra em um ambiente, enquanto os sensores de luminosidade ajustam a intensidade da luz de acordo com a luz natural disponível.

4. Luz de emergência: As luzes de emergência são essenciais para garantir a segurança em casos de falha no fornecimento de energia elétrica. Elas são projetadas para funcionar por um período determinado de tempo em caso de falta de energia, permitindo que as pessoas se movam com segurança no ambiente.

5. Aplicações dos sistemas de iluminação: Os sistemas de iluminação podem ser aplicados em diversos ambientes e situações, desde residências até grandes espaços comerciais e industriais. Alguns exemplos de aplicações incluem:

·Iluminação geral: utilizada para iluminar todo o ambiente de forma uniforme;

·Iluminação de destaque: utilizada para destacar objetos específicos, como obras de arte ou peças de mobiliário;

·Iluminação de trabalho: utilizada em ambientes onde é necessário uma iluminação mais direcionada, como cozinhas e escritórios;

·Iluminação de fachada: utilizada para realçar a arquitetura do edifício durante a noite.

É importante ressaltar que a elaboração de um projeto de iluminação deve ser feita por um arquiteto ou engenheiro habilitado. Esses profissionais têm o conhecimento técnico necessário para criar um sistema de iluminação seguro, eficiente e esteticamente agradável, levando em consideração fatores como o uso do ambiente, a eficiência energética e o conforto visual. Além disso, eles têm acesso às normas técnicas brasileiras, como a NBR 5410 e a NBR 5413, que estabelecem as diretrizes para a elaboração de projetos elétricos e de iluminação.

Um projeto de iluminação bem elaborado não apenas melhora a estética do ambiente, mas também aumenta o conforto visual e a eficiência energética, reduzindo os custos com energia elétrica. Por isso, é importante que a escolha dos equipamentos e sistemas de iluminação esteja alinhada com os objetivos e necessidades do projeto, levando em consideração aspectos como a intensidade da luz, a temperatura de cor, o índice de reprodução de cor, entre outros.

Para garantir a eficiência e segurança do sistema de iluminação, é importante que a instalação seja feita por um profissional capacitado, que tenha conhecimento das normas técnicas e das características específicas do projeto. A instalação mal realizada pode causar problemas como curto-circuitos, sobrecarga elétrica e até mesmo incêndios.

Portanto, a escolha dos sistemas de iluminação e a elaboração do projeto devem ser feitas com o auxílio de um profissional capacitado, que possa oferecer soluções adequadas e eficientes para cada tipo de ambiente e necessidade. Dessa forma, é possível garantir um ambiente seguro, funcional e com uma iluminação adequada e agradável aos usuários.

FUNDAMENTOS DA ILUMINAÇÃO: LUMINÂNCIA, ILUMINÂNCIA E FLUXO LUMINOSO

O estudo dos fundamentos da iluminação é essencial para a elaboração de projetos eficientes e de qualidade. Nesse sentido, é importante compreender os conceitos de luminância, iluminância e fluxo luminoso, que são parâmetros utilizados para avaliar a quantidade e qualidade da luz emitida por uma fonte luminosa.

A iluminância é definida como a quantidade de luz que incide sobre uma determinada superfície, medida em lux (lx). Já o fluxo luminoso se refere à quantidade total de luz emitida por uma fonte luminosa, medida em lúmens (lm). A luminância, por sua vez, é a intensidade luminosa de uma fonte em uma determinada direção, medida em candela por metro quadrado (cd/m²).

Para calcular a iluminância em um determinado ponto de um ambiente, é necessário levar em consideração a quantidade de lúmens emitidos pela fonte luminosa e a distância entre a fonte e o ponto de medição. A fórmula para esse cálculo é:

$E = \Phi / A$

Onde E é a iluminância em lux, Φ é o fluxo luminoso em lúmens e A é a área em metros quadrados.

Já para calcular o fluxo luminoso de uma fonte luminosa, é necessário conhecer sua eficiência luminosa, medida em lúmens por watt (lm/W). A fórmula para esse cálculo é:

$\Phi = P \times \eta$

Onde Φ é o fluxo luminoso em lúmens, P é a potência da fonte luminosa em watts e η é a eficiência luminosa em lúmens por watt. As normas técnicas mais atualizadas, como a NBR 5410 e a NBR 5413, estabelecem os parâmetros e métodos de cálculo para a iluminância em diferentes tipos de ambientes, como residenciais, comerciais, industriais, entre outros. Essas normas também estabelecem os valores mínimos de iluminância para cada tipo de ambiente, levando em consideração a atividade desenvolvida no local e a necessidade de conforto visual dos usuários.

Por isso, é importante que o projeto de iluminação seja elaborado por um profissional capacitado, que tenha conhecimento das normas técnicas e das características específicas do ambiente. Dessa forma, é possível garantir um ambiente bem iluminado e seguro para os usuários.

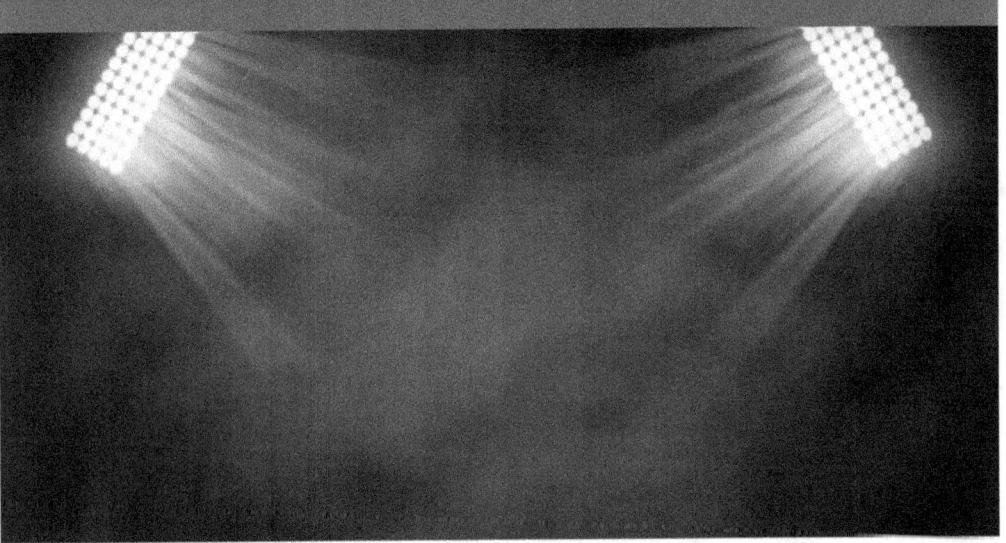

CAPÍTULO 6

A NORMA NBR 5410: PRINCIPAIS PONTOS E
SUAS IMPLICAÇÕES NA ILUMINAÇÃO

A NBR 5410 é uma norma técnica brasileira que estabelece as condições a serem observadas no projeto, instalação, operação e manutenção de instalações elétricas de baixa tensão, com o objetivo de garantir a segurança dos usuários e a eficiência energética. No que diz respeito à iluminação, essa norma estabelece alguns pontos importantes que devem ser observados pelos profissionais responsáveis pelo projeto e instalação.

Um dos principais pontos da NBR 5410 relacionados à iluminação é a exigência de que os circuitos elétricos sejam projetados de forma a permitir o controle individual da iluminação em cada ambiente. Isso significa que cada ambiente deve ter um ou mais pontos de luz controlados por um único interruptor, facilitando o uso racional da energia elétrica.

Outro ponto importante é a exigência de que as instalações elétricas sejam projetadas e instaladas de forma a garantir a segurança dos usuários, evitando riscos de choque elétrico e incêndios. Isso inclui o uso de dispositivos de proteção, como disjuntores e interruptores diferenciais, e a escolha de materiais adequados e certificados para a instalação.

A NBR 5410 também estabelece as especificações técnicas para os dispositivos de proteção contra sobrecarga e curto-circuito, bem como para os condutores elétricos utilizados nas instalações. Essas especificações visam garantir a segurança e a eficiência energética da instalação elétrica.

Outro ponto importante da norma relacionado à iluminação é a exigência de que as instalações sejam projetadas e executadas de forma a garantir a qualidade da energia elétrica fornecida às lâmpadas e equipamentos elétricos. Isso inclui a adoção de medidas para reduzir as quedas de tensão e as interferências eletromagnéticas, que podem afetar o funcionamento das lâmpadas e reduzir sua vida útil.

Por fim, é importante destacar que a NBR 5410 é uma norma técnica de caráter obrigatório e que sua observância é fundamental para garantir a segurança e a eficiência energética das instalações elétricas. Por isso, é importante que os profissionais responsáveis pelo projeto e instalação das instalações elétricas tenham conhecimento detalhado das especificações e requisitos estabelecidos por essa norma, a fim de garantir um projeto de iluminação seguro e eficiente.

A NORMA NBR 5413: PRINCIPAIS PONTOS E SUAS IMPLICAÇÕES NA ILUMINAÇÃO

A norma NBR 5413, intitulada "Iluminância de Interiores", é um importante documento técnico que estabelece os requisitos e parâmetros para a iluminância em ambientes internos. O objetivo principal é garantir a adequada qualidade visual e o conforto para as atividades realizadas nos espaços iluminados.

Os principais pontos abordados pela norma são a definição de iluminância, os critérios de projeto e os métodos de medição e avaliação. A iluminância é definida como a quantidade de fluxo luminoso que incide em uma superfície, medida em lux (lx). A norma estabelece as iluminâncias mínimas recomendadas para diversos tipos de ambientes, como escritórios, hospitais, escolas, entre outros.

O projeto de iluminação deve ser realizado por profissionais habilitados, que devem considerar as características do ambiente, as atividades realizadas, o tipo de tarefa, a idade dos usuários e outras variáveis relevantes. Além disso, é importante garantir que a iluminância seja uniforme e que não haja ofuscamento, sombras ou reflexos que possam prejudicar a visão.

A norma também estabelece os métodos de medição e avaliação da iluminância, que devem ser realizados com equipamentos devidamente calibrados e por profissionais qualificados. Os resultados obtidos devem ser comparados com os valores estabelecidos pela norma, a fim de garantir a conformidade do projeto.

A não observância dos requisitos estabelecidos pela NBR 5413 pode resultar em problemas de qualidade visual, fadiga ocular, desconforto e até mesmo acidentes. Por isso, é fundamental que o projeto de iluminação seja realizado de acordo com as normas técnicas mais atualizadas e por profissionais habilitados e qualificados.

A NORMA ABNT 8995-1: PRINCIPAIS PONTOS E SUAS IMPLICAÇÕES NA ILUMINAÇÃO

A norma ABNT NBR 8995-1, intitulada "Iluminância de Interiores - Parte 1: Requisitos e condições de ensaio", é uma norma técnica que estabelece os requisitos e condições de ensaio para a medição da iluminância em ambientes internos. Esta norma complementa a NBR 5413 e fornece critérios mais específicos para a avaliação da iluminação em ambientes de trabalho.

Os principais pontos abordados pela norma são a definição de termos técnicos, os requisitos mínimos para iluminância, a uniformidade da iluminação, o controle do ofuscamento, a avaliação da luz natural e a seleção das fontes de luz adequadas. A norma também estabelece os requisitos para as condições de ensaio, incluindo os equipamentos e métodos de medição.

A norma define a iluminância como a quantidade de fluxo luminoso que incide em uma superfície, medida em lux (lx), e estabelece os valores mínimos de iluminância para diferentes tipos de ambientes. Além disso, a norma também define a uniformidade da iluminação como um fator importante para garantir o conforto visual e a segurança no ambiente de trabalho.

Outro ponto importante abordado pela norma é o controle do ofuscamento, que é a sensação de desconforto visual causada pela incidência direta da luz nos olhos. A norma estabelece critérios para limitar o ofuscamento, a fim de garantir a segurança e o conforto dos usuários.

A norma também aborda a importância da avaliação da luz natural em ambientes internos, estabelecendo critérios para a seleção e uso de materiais transparentes e translúcidos que permitam a entrada de luz natural no ambiente.

Por fim, a norma estabelece os requisitos para a seleção de fontes de luz adequadas, levando em consideração a eficiência energética, a qualidade da luz, a vida útil da lâmpada, entre outros fatores.

O não cumprimento dos requisitos estabelecidos pela ABNT NBR 8995-1 pode resultar em problemas de segurança, fadiga visual e desconforto dos usuários, além de desperdício de energia elétrica. Por isso, é importante que os projetos de iluminação sejam realizados de acordo com as normas técnicas mais atualizadas e por profissionais habilitados e qualificados.

CÁLCULO LUMINOTÉCNICO: COMO DETERMINAR A QUANTIDADE DE LUZ NECESSÁRIA EM UM AMBIENTE

O cálculo luminotécnico é um processo fundamental para determinar a quantidade de luz necessária em um ambiente, garantindo um nível de iluminação adequado para a realização das atividades previstas. Para isso, é preciso levar em consideração diversos fatores, como o tipo de ambiente, as atividades realizadas nele, a altura do teto, a cor das paredes e a quantidade de luz natural que entra no espaço.

Para determinar a quantidade de luz necessária em um ambiente, é preciso utilizar unidades de medida específicas, como lux e lúmens. O lux mede a iluminância em uma superfície, ou seja, a quantidade de luz que incide sobre uma área. Já o lúmen mede o fluxo luminoso emitido por uma fonte de luz.

Para realizar o cálculo luminotécnico de acordo com as normas técnicas mais atualizadas, é preciso levar em conta as características da fonte de luz utilizada, como a potência, a eficiência luminosa e a temperatura de cor. Além disso, é importante considerar as especificações do ambiente, como a altura do teto e a reflexão das paredes, para determinar a distribuição adequada da luz.

Para ilustrar o cálculo luminotécnico na prática, podemos utilizar exemplos de ambientes residenciais, comerciais e de trabalho. Em um ambiente residencial de trabalho, por exemplo, é necessário garantir uma iluminação adequada para a leitura e realização de atividades no computador. Já em um ambiente residencial de descanso, é importante ter um nível de iluminação mais baixo para proporcionar um ambiente aconchegante e relaxante.

No caso de ambientes comerciais, é preciso levar em consideração as atividades realizadas no espaço, como em uma loja ou escritório. É fundamental que a iluminação seja adequada para destacar os produtos em uma loja, ou para garantir o conforto visual dos funcionários em um escritório.

Por isso, é fundamental que o cálculo luminotécnico seja realizado por um arquiteto ou engenheiro habilitado, que possa avaliar as especificidades de cada ambiente e garantir um nível de iluminação adequado para as atividades realizadas.

ILUMINAÇÃO PARA AMBIENTES
RESIDENCIAIS: PRINCIPAIS CONSIDERAÇÕES

A iluminação é um elemento crucial na criação de ambientes confortáveis e funcionais em espaços residenciais. A escolha adequada dos sistemas de iluminação e sua distribuição são fundamentais para garantir um ambiente acolhedor e eficiente.

Ao projetar a iluminação em espaços residenciais, é importante considerar a funcionalidade de cada ambiente. Por exemplo, a iluminação em um quarto deve ser adequada para leitura, enquanto a iluminação em uma sala de estar deve ser mais suave e aconchegante.

Além disso, é importante escolher as lâmpadas corretas para cada ambiente. As lâmpadas de luz quente, com temperatura de cor em torno de 2700K a 3000K, são mais indicadas para espaços de descanso, como quartos e salas de estar, pois proporcionam uma luz mais aconchegante e relaxante. Já as lâmpadas de luz fria, com temperatura de cor em torno de 4000K a 6000K, são mais indicadas para ambientes de trabalho, como escritórios e cozinhas, pois proporcionam uma luz mais branca e nítida.

A distribuição da iluminação também é fundamental. A iluminação direta, por exemplo, é mais adequada para tarefas específicas, como leitura ou trabalho em uma bancada de cozinha. Já a iluminação indireta, como a luz que reflete no teto ou em paredes, é mais indicada para criar um ambiente mais suave e acolhedor.

Outro aspecto importante a ser considerado na iluminação residencial é a eficiência energética. A escolha de lâmpadas LED, por exemplo, pode proporcionar uma economia significativa de energia elétrica, além de ter uma vida útil mais longa.

Por fim, é importante lembrar que o acompanhamento de um arquiteto ou engenheiro habilitado é fundamental para garantir a adequada distribuição de luz em cada ambiente, bem como a escolha adequada de lâmpadas e sistemas de iluminação. Isso garante que o resultado final seja funcional, eficiente e agradável aos moradores.

ILUMINAÇÃO PARA AMBIENTES COMERCIAIS: PRINCIPAIS CONSIDERAÇÕES

Quando se trata de iluminação para ambientes comerciais, as considerações são diferentes das que são feitas para ambientes residenciais. Nesse caso, a iluminação deve ser pensada levando em conta a função e a atividade realizada no local, além da identidade visual da empresa.

O primeiro passo para a iluminação em ambientes comerciais é definir o objetivo da iluminação, que pode ser criar um ambiente acolhedor, destacar produtos ou simplesmente fornecer iluminação suficiente para as tarefas diárias. Depois de definir o objetivo, é necessário escolher as luminárias e lâmpadas adequadas, levando em conta o tamanho e o formato do espaço, a altura do teto e a disposição dos móveis e produtos.

Um dos principais pontos a serem considerados na iluminação para ambientes comerciais é o conforto visual. A iluminação excessivamente brilhante ou inadequada pode causar fadiga ocular, desconforto e até mesmo afetar negativamente a saúde dos funcionários. Por isso, é importante garantir que a iluminação seja adequada e que não haja reflexos excessivos.

Outro fator importante na iluminação de ambientes comerciais é a eficiência energética. Uma iluminação eficiente não só reduz o consumo de energia, mas também pode reduzir os custos de manutenção e prolongar a vida útil das lâmpadas e luminárias. Por isso, é recomendável utilizar lâmpadas LED, que são mais eficientes e duráveis do que as lâmpadas incandescentes ou fluorescentes.

A identidade visual da empresa também deve ser considerada na iluminação de ambientes comerciais. As luminárias escolhidas devem ser consistentes com a identidade visual da empresa e com o estilo de decoração do ambiente. Além disso, a iluminação pode ser usada para destacar produtos e elementos arquitetônicos, criando um ambiente atraente para clientes e visitantes.

Em resumo, a iluminação para ambientes comerciais requer uma abordagem diferente da iluminação para ambientes residenciais. A iluminação deve ser adequada para a atividade realizada no local, garantir o conforto visual dos funcionários e clientes, ser eficiente em termos de energia e consistente com a identidade visual da empresa. É importante lembrar que o acompanhamento de um arquiteto ou engenheiro habilitado é essencial para garantir a qualidade e a segurança da iluminação em ambientes comerciais.

CAPÍTULO 12

La **Natura** offre elementi
semplici: acqua, grano e fuoco.
La **mano esperta**, la pazienza
e la **creatività** dell'uomo creano
da millenni forme, sapori
e profumi fragranti:
il pane alimentazione
dell'umanità antica e moder...

CONCLUSÃO

CAPÍTULO 12

No decorrer deste e-book, pudemos explorar diversos aspectos da iluminação, desde um breve histórico até as normas técnicas mais importantes para garantir a segurança e eficiência do sistema de iluminação. Vimos os diferentes tipos de lâmpadas e sistemas de iluminação, suas características e aplicações. Também discutimos os fundamentos da iluminação, como luminância, iluminância e fluxo luminoso, e a importância de calcular a quantidade de luz necessária em um ambiente.

Destacamos as normas técnicas brasileiras mais relevantes na área de iluminação, como a NBR 5410, a NBR 5413 e a ABNT 8995-1, suas principais exigências e implicações na iluminação.

Exploramos também as considerações importantes na iluminação de ambientes residenciais e comerciais, destacando a importância do projeto de iluminação e da escolha correta dos equipamentos.

É importante ressaltar que este e-book não visa esgotar o assunto da iluminação, mas sim fornecer uma base sólida de conhecimentos e auxiliar o leitor na compreensão dos principais aspectos do tema. Além disso, é fundamental destacar a importância de contar com a orientação e acompanhamento de um arquiteto ou engenheiro habilitado desde a etapa de projeto até a execução de qualquer sistema de iluminação, garantindo assim a segurança e eficiência do sistema.

Esperamos que este e-book tenha sido útil e que o leitor possa aplicar os conhecimentos adquiridos na prática.

AUTOR

Arquiteto e urbanista desde 2018, formado no Centro Universitário Metodista – IPA, em Porto Alegre – RS. Pós graduado em Educação contemporânea pelo Instituto Federal Sul Rio-grandense em Charqueadas – RS.

Atuante como autônomo em gerenciamento e condução de obras e projetos, desde 2019 como arquiteto contratado na Prefeitura Municipal de Cachoeirinha - RS, coordenando o setor de cadastro imobiliário e georreferenciamento. Também conduzindo obras, como do Centro de eventos da Pedreira em Eldorado do Sul, com mais de 3000m² de área construída implantada em um lote de mais de 1 hectare, gerenciando equipes de campo e produzindo os diversos projetos necessários para o desenvolvimento da obra.

Produtor de manuais digitais para a construção civil, sempre visando dar um passo a passo prático e de fácil compreensão, seja para o investidor ou para o arquiteto/engenheiro em início de carreira. Buscando dar ao leitor segurança na tomada de decisões, clareza nos processos e economia de tempo e recursos.

Fique em contato

Instagram:
@rholmerphilipe

Email:
rholmercms@hotmail.com

Portfólio:
behance.net/rholmerphilipe

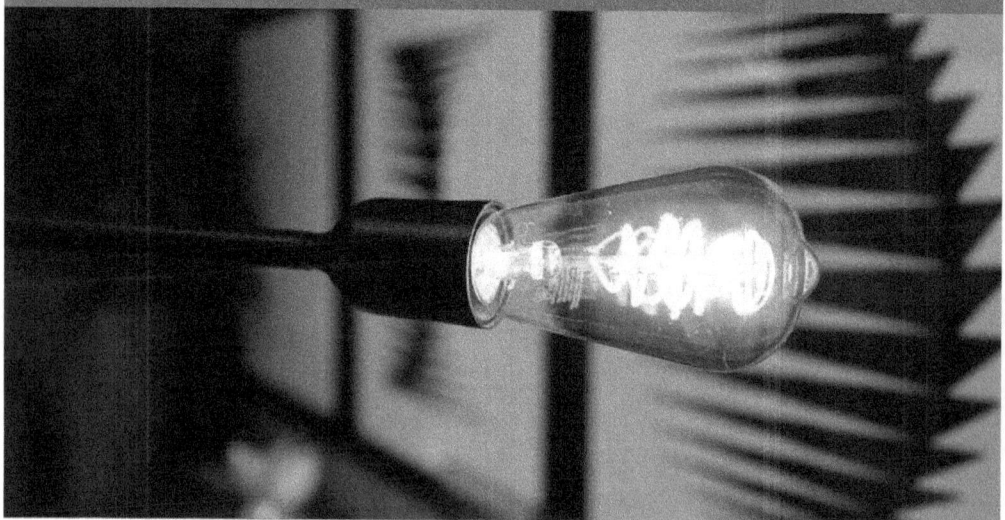